MW01248641
¡Mira allí!
¡Elefantes!
1

MARAVILLAS ANIMALES 03

LOS ELEFANTES

KATE RIGGS

CREATIVE EDUCATION | CREATIVE PAPERBACKS

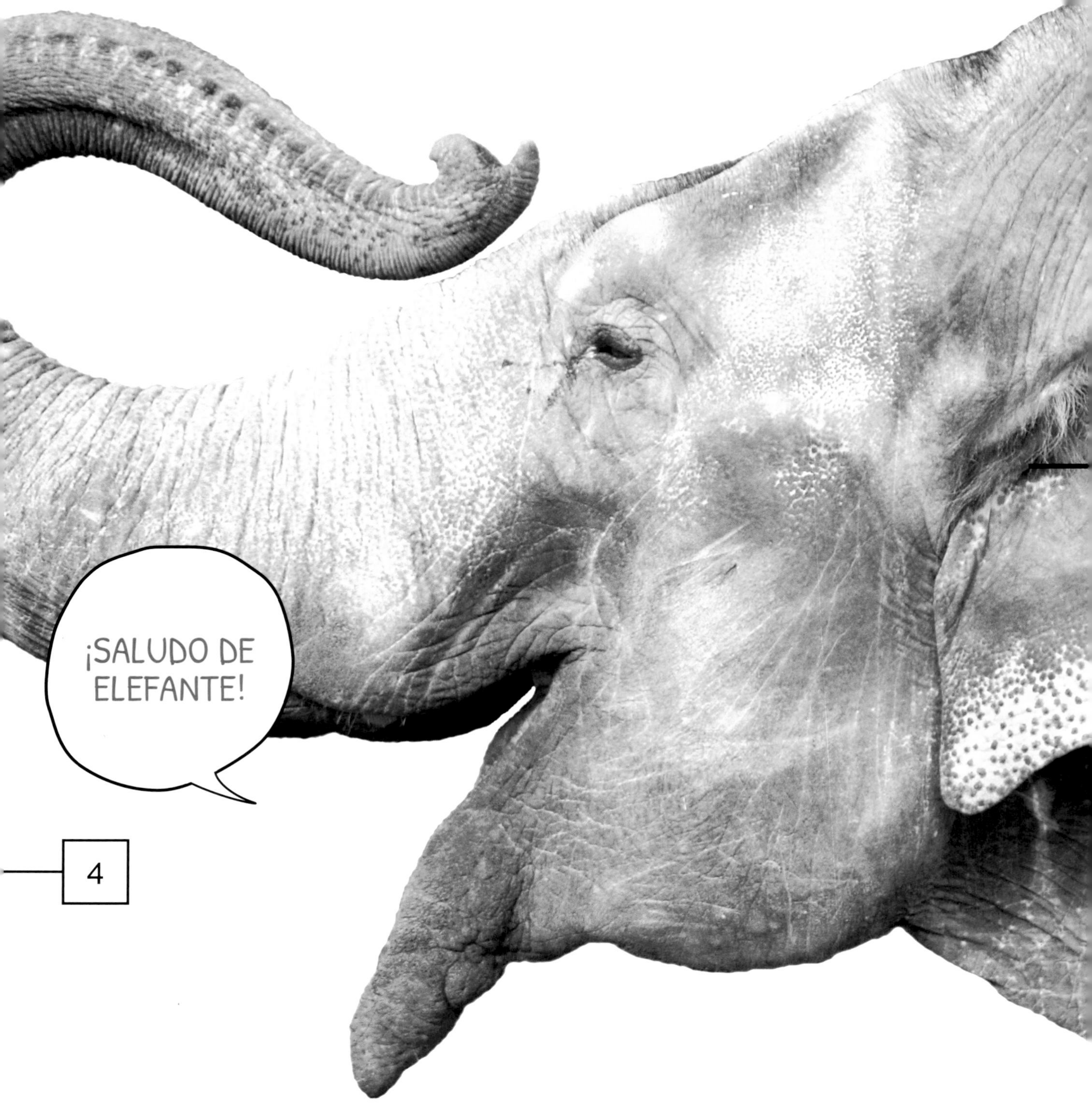
¡SALUDO DE
ELEFANTE!

índice

Publicado por Creative Education y Creative Paperbacks
P.O. Box 227, Mankato, Minnesota 56002
Creative Education y Creative Paperbacks
son marcas editoriales de Creative Company
www.thecreativecompany.us

Diseño de Graham Morgan
Dirección de arte de Blue Design (www.bluedes.com)
Traducción de TRAVOD, www.travod.com

Fotografías de Alamy (Ann and Steve Toon), , Bigstock (Clivia, Wildearthphoto), Dreamstime (Dirkr, Paul Hampton), flickr (Biodiversity Heritage Library), Getty (Michael Nichols, Panoramic Images), iStock (Jason Prince), Shutterstock (Daxiao Productions, Johan Swanepoel, Natapong Paopijit)

Library of Congress Cataloging-in-Publication Data

Names: Riggs, Kate, author.
Title: Los elefantes / by Kate Riggs.
Other titles: Elephants (Marvels). Spanish
Description: Mankato, Minnesota : Creative Education and Creative Paperbacks, [2025] | Series: Maravillas | Includes index. | Audience: Ages 4-7 | Audience: Grades K-1 | Summary: "Beginner-level introduction to learning about elephants with comic-inspired images and humor. Includes labeled-image guide, glossary, index, and recommended books and websites"-- Provided by publisher.
Identifiers: LCCN 2023049162 (print) | LCCN 2023049163 (ebook) | ISBN 9798889890966 (library binding) | ISBN 9781682775196 (paperback) | ISBN 9798889891260 (ebook)
Subjects: LCSH: Elephants--Juvenile literature.
Classification: LCC QL737.P98 R536518 2025 (print) | LCC QL737.P98 (ebook) | DDC 599.67--dc23/eng/20231204

Impreso en China

Los elefantes son animales grandes. Viven en África y Asia.

Los elefantes tienen narices largas llamadas trompas. Tienen dientes grandes llamados **colmillos**.

¡HUELO EL
ALMUERZO!

La piel del elefante es gris. Se siente rugosa. Las orejas de los elefantes son grandes y caídas.

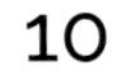

LOS ELEFANTES BATEN LAS OREJAS COMO VENTILADORES.

Los elefantes comen plantas. Usan las trompas para obtener el alimento.

¡OH, HIERBA! MI FAVORITA.

MONTE KILIMANJARO, ÁFRICA

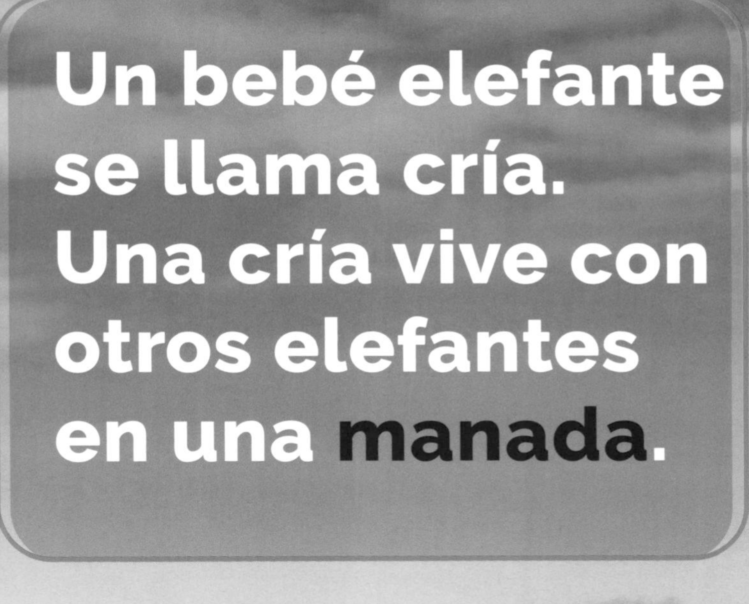

Un bebé elefante se llama cría. Una cría vive con otros elefantes en una **manada**.

A los elefantes les gusta jugar en el barro. Después se dan un baño. A los elefantes también les gusta dormir mucho.

BARRO EN UN DÍA CALUROSO. LO MEJOR.

¡Adiós, elefantes!

[Imagina un elefante]

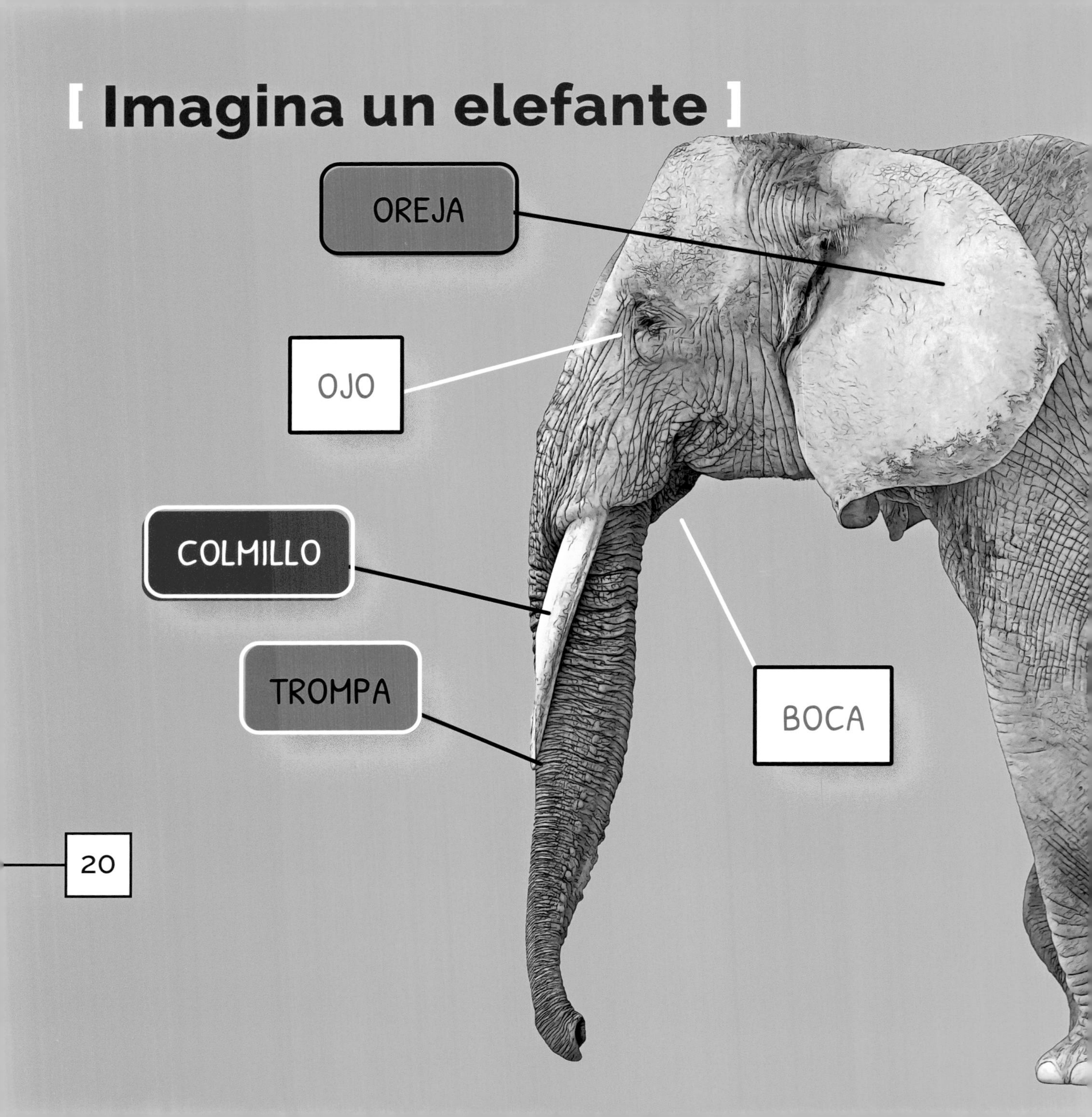

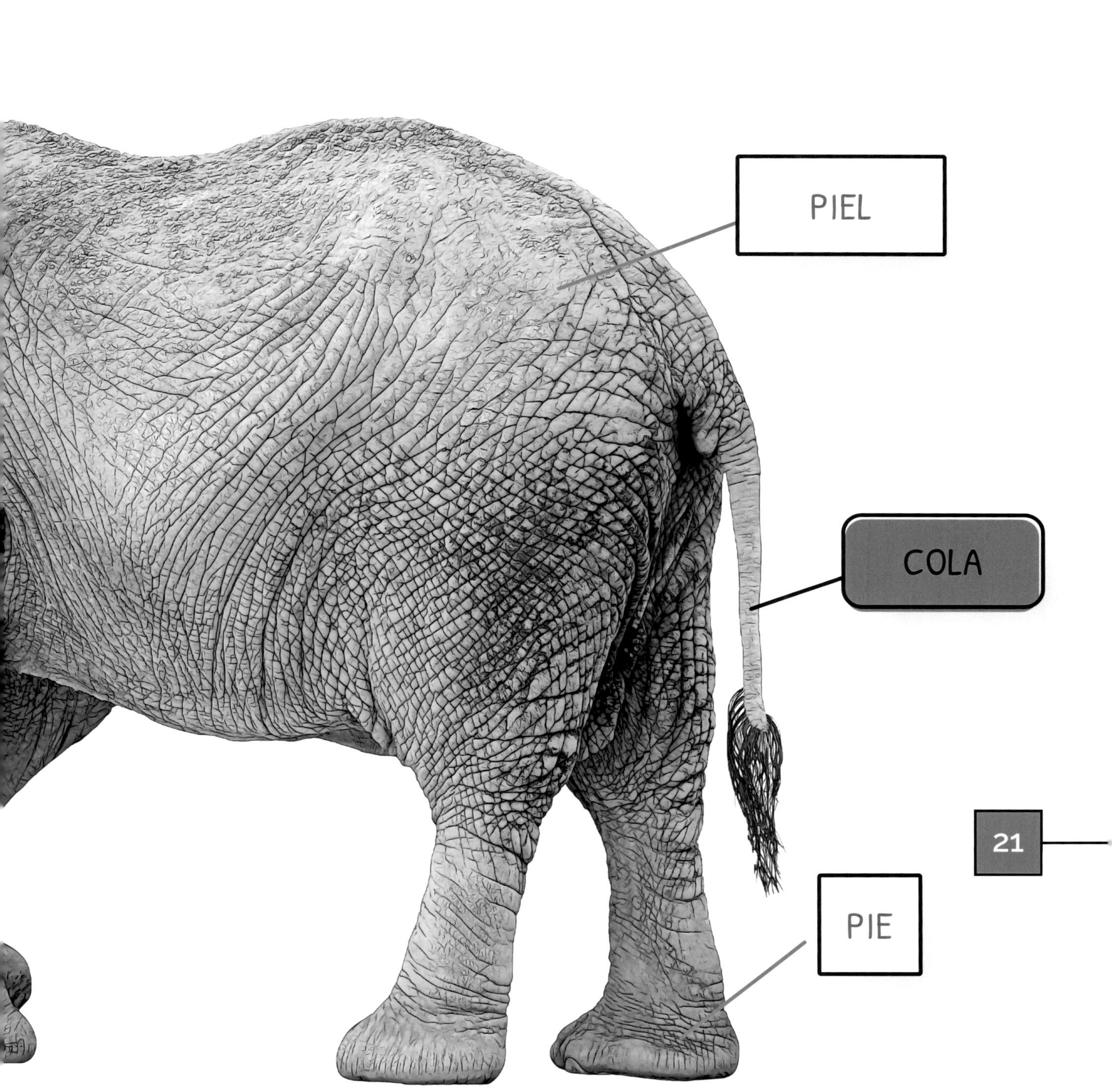
PIEL
COLA
PIE
21

PALABRAS QUE DEBES CONOCER

África: la segunda masa continental más grande del mundo

Asia: la masa continental más grande del mundo

colmillo: un diente largo que sale de la boca de un elefante

manada: un grupo grande de animales que viven juntos

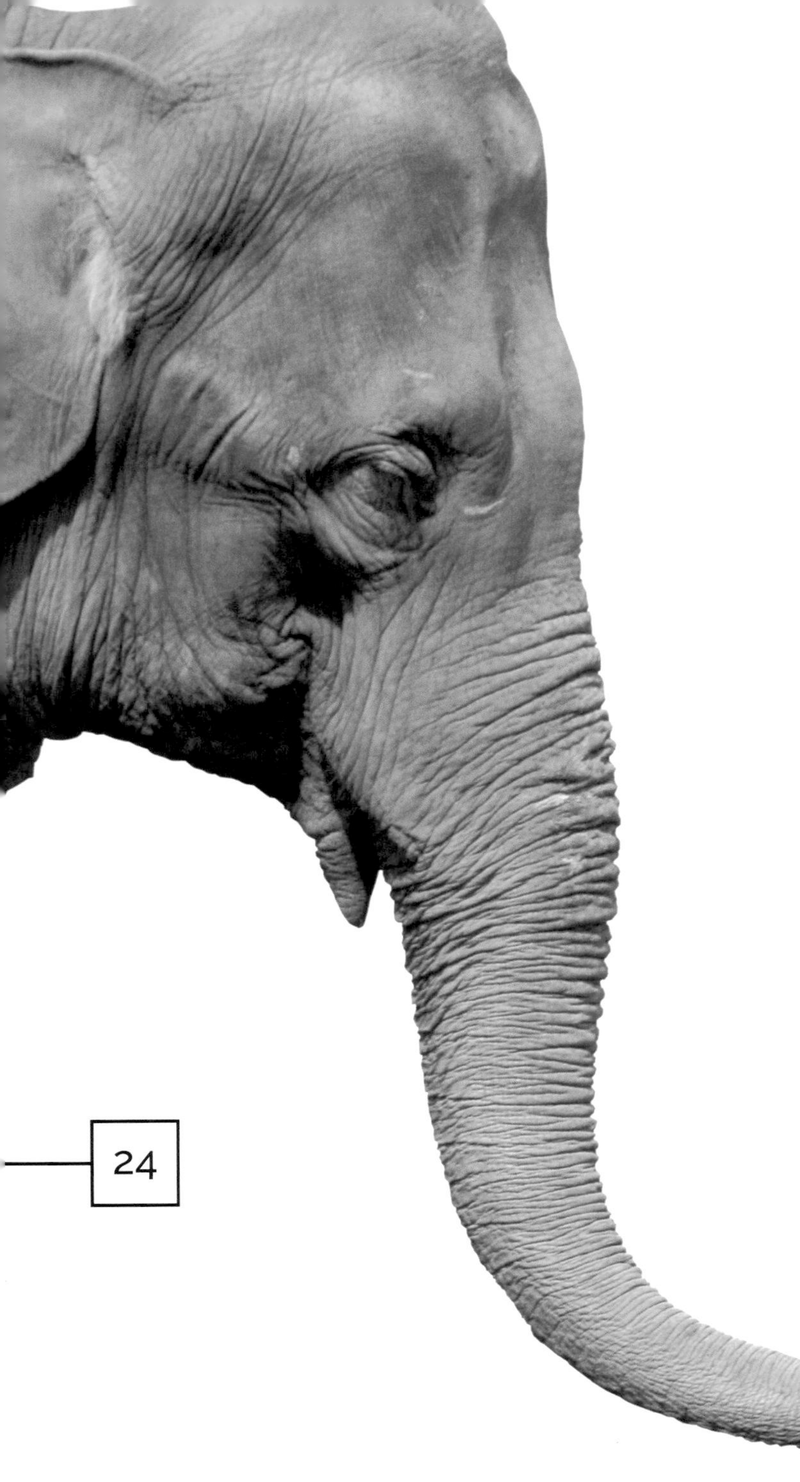

ÍNDICE ALFABÉTICO